U0242889

写给小学生看的相对论4

爱因斯坦的梦想

〔日〕福江纯◎著　　〔日〕北原莱里子◎绘　　李秀芬◎译

（第2版）

北京科学技术出版社

BOKU DATTE AINSHUTAIN
Vol.1 Tsuki to ringo no hosoku
By Jun Fukue, illustrated by Nariko Kitahara
Text copyright © 1994 by Jun Fukue
Illustration copyright © 1994 by Nariko Iwanaga
First published 1994 by Iwanami Shoten, Publishers, Tokyo
This simplified Chinese edition published 2022
by Beijing Science and Technology Publishing Co., Ltd., Beijing
by arrangement with the proprietors c/o Iwanami Shoten, Publishers, Tokyo

著作权合同登记号　图字：01-2011-6554

图书在版编目（CIP）数据

写给小学生看的相对论. 4，爱因斯坦的梦想／（日）福江纯著 ；（日）北原菜里子绘 ；

李秀芬译. — 2版. — 北京 ：北京科学技术出版社，2022.6（2024.9重印）

ISBN 978-7-5714-1957-8

Ⅰ．①写… Ⅱ．①福… ②北… ③李… Ⅲ．①相对论-少儿读物 Ⅳ．①O412.1-49

中国版本图书馆CIP数据核字（2022）第001643号

策划编辑：桂媛媛	电　话：0086-10-66135495（总编室）
责任编辑：张　芳	0086-10-66113227（发行部）
封面设计：缪白雪	印　刷：三河市华骏印务包装有限公司
责任印制：李　茗	开　本：889 mm×1194 mm　1/20
出 版 人：曾庆宇	字　数：35千字
出版发行：北京科学技术出版社	印　张：3.4
社　　址：北京西直门南大街16号	版　次：2012年5月第1版
邮政编码：100035	2022年6月第2版
网　　址：www.bkydw.cn	印　次：2024年9月第2次印刷
ISBN 978-7-5714-1957-8	

定　价：148.00元（全4册）

学习爱因斯坦
成为爱因斯坦
超越爱因斯坦

激发好奇兴趣
探索自然规律
揭示宇宙奥秘

为科学做贡献
为文明添光彩
为人类造幸福

中国科学院院士 吴岳良

2012.3.12

目 录

架在宇宙中的星星彩虹

小智　"引擎发动。无异常。状态，一切正常！"

星子　"视野清晰。船外环境监控无异常。状态，一切正常！"

响子　"船内无异常。状态，一切正常！"

翼教授　"探测装置无异常。状态，一切正常！"

船长　"出发！"

小智　"收到！"

　　宇宙历0094年，汇集人类智慧制造而成的宇宙探测飞船"爱因斯坦"号正要离开木星的轨道。飞船上有5名成员，分别是飞行员小智、领航员星子、医护人员响子、科学顾问翼教授以及船长。他们的目的地是银河系中心，至于何时返回地球……尚未决定。

星子　"真是百看不厌啊！"

小智　"咦？啊，星星彩虹？"

响子　"真的是很有梦幻色彩啊！是不是，教授？"

翼教授　"是啊，真是百闻不如一见啊！我以为自己在头脑中早就想明白了，但是亲眼看到以后，发现还是和想的一点儿都不一样啊。"

在前方的拱形画面中，星星看起来就像一枚枚戒指似的层叠在一起。从中心晃眼的青白色，到周边暗淡的红色，各种颜色的星星构成了宇宙中的彩虹。

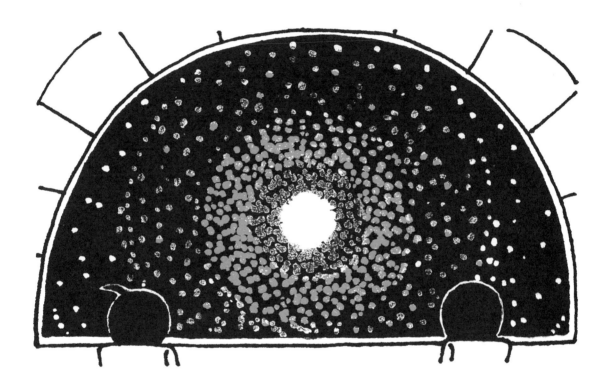

响子　"我之前在宇宙飞船的图书馆里看过一部老电影。在电影中，宇宙飞船加速至接近光速时，周围的星星从飞船的两侧掠过，不停地向后方飞去。"

星子　"咦？那时还不知道相对论或者光行差吗？"

响子　"不，那时已经有相对论了，也知道光行差了，只不过人们还是习惯跟着自己平时的感觉走。例如，汽车在道路上行驶时，坐在车里的人会感觉道路两侧的物体不停地向后方运动吧？就是因为有这样的感觉，所以为了突出宇宙飞船的速度快，就设计出了星星飞向后方的画面。"

小智　"实际上，如果宇宙飞船在极速飞行，因为存在光行差，远处的星星看起来是向前运动的。"

什么是光行差？

　　淅淅沥沥下着小雨，没有风，雨从正上方落下来。如果此时静止站立，笔直地举着伞，就不会淋到雨。但是如果此时正在走路，为防止淋湿就得把伞向前方倾斜，并且走路的速度越快，伞向前倾斜的角度就得越大。

这是因为在静止不动的人看来是从正上方降落下来的雨滴，在走路的人看来是从前上方降落下来的，并且走路的速度越快，雨滴降落的时候越偏向前方。

如果把雨滴想象成光粒子的话，此时发生的这种倾斜现象就可以当作光行差。宇宙飞船静止不动时，或者运动速度远远小于光速时，星空看上去没有什么变化，正对着宇宙飞船侧面的星星看起来也确实正对着飞船侧面。

但是，如果宇宙飞船以接近光速的速度飞行，原本来自侧面的星光看起来就像是来自斜前方。宇宙飞船的速度越快，星星看起来就越向前方倾斜。这就是光行差。

🔲 光行差 🔲

如果宇宙飞船的运动速度接近光速，那么正对着飞船侧面的星星看起来就会偏向前方。

静止不动　　　　接近光速　　　非常接近光速

当然，受到光行差影响的不只是正对着宇宙飞船侧面的星星，所有方向的星星都会受到影响，看起来都会向宇宙飞船前进的方向移动。特别是随着宇宙飞船的加速，整个星空会不停地向前方移动。

按照以上分析，如果将宇宙飞船的速度接近光速时的星空和宇宙飞船静止不动时的星空进行比较，会发现它们看起来发生了很大的变化。

◀在电影和动画片中，当宇宙飞船的速度接近光速时，经常会看到这样的画面……

▶实际上，如果宇宙飞船的速度接近光速，由于存在光行差，星空看上去应该是这样的……

星星的颜色在变化

小智　"此外，由于多普勒效应，星星的颜色看上去不同了。"

星子　"是啊，由于多普勒效应，不管原来是什么颜色，前方的星星看上去都发蓝，后方的星星看上去都发红。"

翼教授　"是的。由于光行差效应，星星看上去好像跑到飞船前方去了；由于多普勒效应，我们看到的星星都改变了颜色。这两种效应组合在一起，就形成了星星彩虹。"

响子　"就像黑色的天鹅绒上镶嵌着五光十色的宝石一般。"

小智　"不过，拿在手里会烫伤人的！"

什么是多普勒效应？

救护车一边发出刺耳的"滴嘟"声，一边在道路上疾驰。在救护车经过你面前的那一瞬间，你会觉得"滴嘟"声突然由高变低了。这种现象就是声音的"多普勒效应"。

从声源（声音发出的地方）发出的声音，在空气中以空气振动的形式传播，到达耳朵后振动鼓膜，才能让人听到。声音也是一种波，所以它也被称为"声波"。声波的波长（从一个波峰到下一个波峰的距离）较短时，声音听起来较高；声波的波长较长时，声音听起来则较低。

当声源和人之间的距离越来越近时，由于声源和人之间的声波被压缩得越来越厉害了，波长与声音从声源发出时相比越来越短，声音听起来就越来越高。相反，若声源和人之间的距离越来越远，由于声源和人之间的声波被拉得越来越长，波长与声音从声源发出时相比越来越长，声音听起来就越来越低。这就是声音的"多普勒效应"。

因为光也是一种波，所以和声音一样，光也会产生多普勒效应，即当光源（光射出的地方）和人之间的距离越来越近时，光的波长看起来越来越短；而当光源和人之间的距离越来越远时，光的波长看起来越来越长。

声音的多普勒效应

救护车发出的声音在空气中以波的形式传播，然后到达人的耳朵。

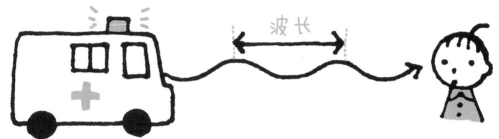

救护车和人都静止不动时

救护车向人靠近时（或者人靠近救护车时），声波被压缩，波长变短，声音听起来就会比原来高。

救护车向人靠近时

相反，救护车经过人身边驶远时，声音听起来变低了。这就是声音的"多普勒效应"。

光的波长与颜色密切相关。太阳光透过三棱镜时，会出现彩虹的七种颜色，这是因为我们平常认为是白色的太阳光其实是由波长各不相同的单色光混合而成的。波长不同，折射率也就不同，所以太阳光透过三棱镜后折射出了不同的颜色。如果按照波长从长到短的顺序排列彩虹的七种颜色，依次是红、橙、黄、绿、蓝、靛、紫。

假如宇宙飞船前方的星星本来发黄色的光，随着宇宙飞船不断靠近，星光的波长变短，它们看上去就会变成绿色甚至是蓝色。相反，假如宇宙飞船后方的星星本来发黄色的光，随着宇宙飞船渐渐远离，它们看上去就会变成橙色和红色。实际上，星星的光是由各种颜色的光混合而成的，并不是什么纯粹的颜色。

◼ 光的多普勒效应 ◼

因为光也是一种波，所以光也会产生多普勒效应，即靠近光源时，光的波长看起来变短了，而远离光源时，光的波长看起来变长了。

就声音来说，波长的变化表现为声音的高低变化；而就光来说，波长的变化则表现为颜色的变化。

　　突然，飞船内响起了紧急警报声，显示屏上的红色警示
灯闪个不停。

星子　"有很多高速运行的物体在靠近，好像是一群小行星。"

响子　"为什么这个时候会出现小行星？"

星子　"我也不清楚为什么！"

　　　小行星群袭击了"爱因斯坦"号飞船。

小智　"无法躲避！"

　　　游戏结束。

"爱因斯坦"号宇宙飞船的冒险

电脑显示屏上出现了"游戏结束"四个字，非常醒目。

"啊——啊，差一点儿就成功了。"

"要是在刚才那个地方保存一下就好了。"

"可是，怎么受到了突然袭击？真是没想到啊！"

"眼看就要通过第一关了。没办法，只能从头再玩了。"

原来，小智和星子正在玩电脑游戏《空间探险：'爱因斯坦'号宇宙飞船的冒险》，因为没有避开突然出现的小行星群，所以游戏结束了。这个软件是翼教授他们制作的，还取了个很长的名字叫"科幻动画电视游戏系列教育用电脑软件"，并请小智和星子试玩一下。

　　游戏的大概内容是：主人公们乘坐"爱因斯坦"号宇宙飞船在太阳系旅行，一路经过宇宙中的很多地方，朝着银河系的中心前进。在冒险的旅途中，他们会遇到很多难题和危机，每战胜一次危机就会过关升一级。这个游戏还能让人在玩的过程中学习关于相对论和宇宙的知识，非常有趣。

小智和星子再次一起发起挑战。

　　这一次，他们好不容易躲开了突袭而来的小行星群，通过了第一关。从第一关到达第二关，主人公们要在宇宙飞船内度过2年的时间，而其中的大部分时间他们是在"冬眠"状态中度过的。

　　响子　"离开太阳系4年了，时间过得真快啊！"
　　翼教授　"你必须分清楚是对谁来说过了4年！"

响子　"嗯，明白。在高速飞行的'爱因斯坦'号上时间过得比较慢，在地球上时间过得比较快。

"自出发以来，飞船一直保持着9.8米/秒²的加速度。自出发开始计算，在飞船内测得的时间是3年零8个月，在地球上……嗯，应该是过了21年零8个月吧。"

翼教授　"'爱因斯坦'号现在的速度相当于光速的0.999，代入狭义相对论的公式计算一下，飞船内的1秒相当于地球上的多少秒呢？"

$$\frac{\text{静止不动的人的时间（地球时间）}}{} = \frac{\text{运动的人的时间（船内时间）}}{\sqrt{1-\text{速度比}\times\text{速度比}}}$$

以接近光速的速度运动的人，时间比静止不动的人过得慢。具体相差多少可以通过上面的公式计算出来。（在本系列图书第2册中已经学过了。）

速度比是指运动的人的速度与光速之比。

小智　"是22秒吧。"

星子　"是2秒。"

响子　"不对，是222秒。"

　　这个问题是对玩游戏的人提出的，如果选择错误，游戏就会结束。

　　"速度比是0.999，星子，应该是多少秒？"

　　"等一下……"

　　星子一边说一边按起了计算器。

　　"22.366……约等于22秒。"

　　小智和星子做了选择。答案正确！

到达银河系深处

响子　"但是，因为'爱因斯坦'号还会继续加速至更接近光速，所以时间的差距会更大吧？"

翼教授　"是的。从太阳系到银河系中心的距离大约是2.8万光年。在这段距离的中点，也就是当'爱因斯坦'号到达距离太阳系1.4万光年的位置时，从出发开始测得的船内时间是9.97年，那么地球上应该过了1.4万年。"

响子　"到达中点的时候，宇宙飞船的速度基本上就相当于光速了吧？"

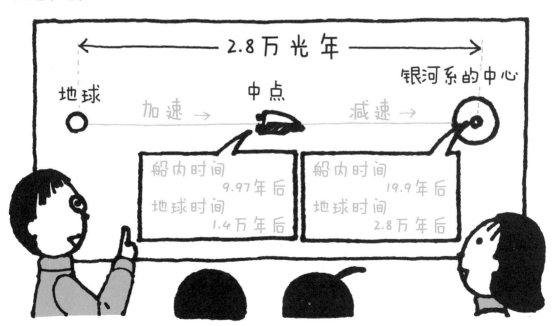

翼教授 "对。接下来从中点到银河系中心，飞船以−9.8米/秒^{2}的加速度减速行驶。因此，到达银河系中心的时候，船内时间是19.9年后，而地球时间是2.8万年后。如果要返回地球，船内时间大约是在40年后，而地球时间已经是在5.6万年后了。"

星子 "那样就真的变成浦岛太郎了啊！"

响子 "在有的国家，宇航员被称为太空人，那像我们这样变成具有相对论意义的浦岛太郎的人该怎么称呼呢？"

小智 "或许可以称为相对人吧。"

按照游戏说明书，在随后的第三关"宇宙的海市蜃楼"中，由于"引力透镜效应"，在星星之间会发现悬浮的黑洞。在第四关"爱因斯坦公式"中，在黑洞的周围会发生物质和反物质的"湮灭"现象。另外，在第五关"遭遇黑洞"中，"爱因斯坦"号飞船最终会与黑洞"BH-1"相遇。如果操作不当，"爱因斯坦"号将无法从黑洞的引力中逃脱。

如果能努力避开黑洞，"爱因斯坦"号就会继续冒险。在第六关"到达中点"中，由于受到中子星对撞产生的"引力波"的影响，宇宙飞船的装备会受损，遭遇危机。

在第七关"宇宙的喷泉"中，会经常看到被称为"宇宙喷流"的高温高速气体流。为了便于观察和研究，飞船有时候需要靠近这些气流，因此主人公们很可能被喷射的高温气流灼伤，再次陷入危机。

　　在第八关"银河中心的怪物"中，"爱因斯坦"号飞船终于到达了目的地——银河系的中心。这一关介绍了宇宙深处的天体"类星体"，还有类星体的能量来源——巨大的黑洞及其周围的气体圆盘。在这一关中，"爱因斯坦"号有被盘踞在银河系中心的黑洞吸进去的危险。如果能从黑洞周边飞掠逃脱，飞船就飞出了宇宙深处。这一关中有两个选项：①返回地球；②飞出银河系。

　　如果选择了第九关"返回地球"，那么飞船就必须在三维迷宫般的庞大银河系中找到地球的位置。定位成功后，"爱因斯坦"号飞船将载着全体成员，在浦岛效应的影响下，返回遥远的未来的地球。当然，飞船也未必能够返回地球，有可能到达一个荒凉的陌生行星，或者在宇宙空间迷失方向。总之有很多种可能，这就是所谓的"开放式结局"。

　　如果选择了第十关"飞向宇宙的尽头"，那么"爱因斯坦"号就会飞到银河系之外，一直朝着宇宙的尽头飞行。船员的命运也就不得而知了！

"这个游戏的说明书里有很多我看不懂的名词。"

"我猜那些是和相对论有关的词吧。"

"虽然翼教授说有问题可以随时去问他，但是他的大学好远啊。"

"咦？快来看，这上面有翼教授的新闻。你们瞧！"

妈妈拿过来的《市民日报》上刊载了翼教授要在科技馆演讲的消息。

"啊，太巧了。那我们一起去听演讲，顺便问问不懂的问题吧。"

"嗯，好的。"

天鹅座的黑洞

　　在科技馆的演讲厅里，翼教授正在做题为《黑洞的世界》的演讲。对小智和星子来说，几乎有一半内容他们是第一次听到。我们也来听一听翼教授的演讲吧。

　　"……我们刚才讲了黑洞是什么、黑洞是如何形成的，以及在黑洞的周围会发生什么现象等问题。那么，黑洞到底在宇宙的什么地方呢？接下来我们简单了解一下。"

　　翼教授一边说，一边在大屏幕上展示星空的照片。

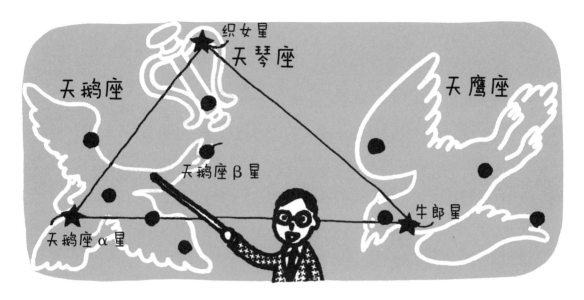

"虽然现在在大城市几乎看不到银河了，但是请大家努力想象一下夏天的夜空——织女星和牛郎星在银河的两岸遥遥相对。织女星也叫天琴座α星，牛郎星也叫天鹰座α星。把织女星和牛郎星连起来，再连上天鹅座α星，就构成了一个大大的三角形，叫作'夏季大三角'。"

小智和星子想起了在夏令营学过的关于星座的知识。

"天鹅座α星位于天鹅座的尾部，它的拉丁文名称的意思就是'尾巴'。天鹅座看上去宛如一只天鹅在天河上方展翅飞翔，位于天鹅头部的是天鹅座β星，这是个双星系统，如果用望远镜观察，就会发现两颗星星一颗是黄色的，一颗是蓝色的，非常漂亮。

"接下来，在天鹅的脖颈处有一个名为'天鹅座 X-1'的天体。"

　　翼教授说着指了指屏幕上的一点，但是屏幕上只看得见灿烂夺目的广袤星空。

　　"所谓'天鹅座X-1'，指的是天鹅座中的X射线天体1号，即天鹅座中可以发射最强的X射线的天体。但是，因为是X射线，所以人的肉眼无法看到。不仅看不到，X射线甚至无法到达地面，这是因为来自宇宙的X射线无法穿透地球表面的大气层。"

　　我们看到的星星和太阳的光，也就是可见光，可以轻松地穿透空气，但是无法穿透人的身体。与其相反，X射线可以穿透人的身体，但是会被空气吸收。虽然可见光和X射线都是光，且都以光速行进，它们的性质却大不相同。

“我们可以通过火箭在大气层外观测到天鹅座里有发射很强的X射线的天体。1971年，人类通过首次发射的观测X射线的人造卫星，确定了天鹅座X-1的具体位置。因此，如果使用大型望远镜仔细观察那个位置的话，就会发现一颗蓝色的9等星，而且这颗星和另外一颗看不见的伴星构成了一个双星系统。”

所谓双星，就是受到对方重力的牵引，互相围绕对方旋转的两颗星。

“我们知道，一般的星星是不能释放那么强烈的X射线的。那颗伴星既看不见，又能释放X射线，所以我们认为它是个黑洞（天鹅座X-1）。

X射线

天鹅座X-1是一个双星系统，由一颗蓝色巨星和一颗伴星构成，那颗伴星虽然看不见，却能够释放极强的X射线。

"当然，我们认为它是个黑洞并不仅仅因为我们看不到它，还有很多其他的原因，比如X射线强度变化的时间少于1秒等，但最终判断它是否是黑洞还是依据它的质量。通过分析，科学家们得知，那颗释放X射线的看不见的伴星，质量大约是太阳的10倍，除了黑洞之外，宇宙中不可能存在那样的天体。"

　　因为它的质量是太阳的10倍且看不见，就能确定那颗伴星是黑洞吗？如果是黑洞，为什么会释放X射线呢？小智的心中充满了疑问。星子和其他听众也陷入了沉思。

　　蓝色星星的质量大约是太阳的30倍，是一颗超巨星，用望远镜可以观察到。
　　而蓝色巨星的伴星的质量大约是太阳的10倍，用望远镜无法观察到，因此科学家们认定它是黑洞。

　　黑洞不是什么东西都可以吸进去吗？为什么会释放X射线呢？

"刚才我们说过，任何东西被黑洞吸进去都绝对逃不出来。确实如此，甚至连光线也无法从黑洞中逃脱。因为X射线也是一种光，所以它也不能从黑洞中逃脱出来。但是，如果物质在被吸向黑洞的过程中在黑洞的外面释放X射线的话，那就另当别论了。天鹅座X-1就是这种情况。"

翼教授说着在大屏幕上展示了另一张不同的图片。

在天鹅座X-1中发生的现象

蓝色超巨星（由氢气构成）

星体外部的气体被吸入黑洞。

黑洞

气体圆盘

圆盘内的气体在被吸入黑洞时，温度升得极高，释放出X射线。

"主星是蓝色的星星，这是一颗普通的星星，由氢气构成。在黑洞的引力的影响下，蓝色超巨星外部的气体被吸往黑洞的方向。气体在朝着黑洞运动的过程中发生剧烈碰撞，温度升高。在黑洞的附近，气体的温度可以高达数千万度，令人不可思议，结果就是导致了X射线的释放。也就是说，天鹅座X-1的X射线不是从黑洞中发射出来的，而是从黑洞周围的高温气体中发射出来的。"

这多么令人难以想象啊！

相对论是一个好用的工具

    &   "翼教授，您好！"

    "啊，你们好！你们是特意来听演讲的吗？今天讲的内容怎么样？"

    "很有趣！"

    "一般吧。要是能再搞笑一些就好了。"

星子总是那么心直口快。

    "对了，你们玩游戏玩得怎么样了？是不是很难？"

    "嗯，说明书上介绍的很多东西都看不明白。"

😊 "看来知识量还是太大了……对了，我刚给家里打过电话，跟我母亲说好了我在外面吃饭。你们俩和我一起去吃吧。我请你们吃点儿好吃的，再给你们讲讲游戏。"

于是，小智和星子决定跟翼教授一起去吃饭，好继续听他讲解。

😊 "如果物体的运动速度接近光速，或者重力变大，它的周围就会发生看似不该发生的奇怪现象。而且，我们可以通过很多实验来证实相对论的正确性。"

😊&😊 "是的。"

😊 "在今天，相对论已经成为研究物体的构造和宇宙的一个必要工具了。因此，在游戏中我们不仅要说明相对论是什

么，还要解释如何应用相对论。但是这样一来，游戏的内容会不会就过于复杂了呢？"

说话间，三个人来到了热闹的大街上。京都是一座奇妙的城市，表面看起来是一派充满现代气息的高楼林立的繁华景象，但是走进去就会发现里面有很多古老的街道。翼教授带小智和星子去的是一条小巷里的一家小店，店外挂着"法国怀石"的牌子。

"其实，我今天还约了别人……"

"啊——那么，我们跟着来是不是……"

"不不，这个人你们俩也认识，没关系，没关系。"

三个人从前台走向里面的房间。

"这儿看起来很贵啊！"

"是啊，在这儿吃饭没问题吧？"

连星子的心里都有些七上八下了。

"啊，久等了。"

"晚上好。咦？星子和小智！"

"啊，原来是响子老师。"

"晚上好。"

"今天他们俩也去科技馆听我的演讲了，因为他们还有很多不明白的问题，我就带他们一起来了。"

"是这样啊。演讲有趣吗？"

"有趣，很多内容都是第一次听到。"

"可是，我们在这儿不会影响你们吗？"

星子的眼睛一眨一眨的。

"没有没有，没关系啦。"

这顿饭明显就是翼教授和响子老师的约会嘛。

黑洞发电厂

星子一向对好吃的东西特别着迷，她的注意力立刻就集中到眼前的美味佳肴上了，甚至还在翼教授的建议下喝了一点儿红酒。翼教授真是个与众不同的人。

吃饭期间大家一直在闲聊，等到甜点上来之后，翼教授转变了话题。

"今天讲的天鹅座X-1，你们觉得怎么样啊？"

"啊，很有意思。我一直以为黑洞能把任何东西都吸进去，没有什么能逃出来，没想到还有像天鹅座X-1这样释放X射线的黑洞，真让人吃惊！"

"不对，X射线不是黑洞释放出来的，而是被吸到黑洞周围的气体释放出来的。"

"不都差不多吗？"

"好了好了。话说回来，被吸到黑洞周围的气体释放X射线的情形，实际上与水力发电是一样的。"

"水力发电？"

"你们知道怎么利用水坝发电吗？"

"首先用水坝将河水拦住蓄水，然后再将水放出来，嗯……用水流带动发电机运转发电吧？"

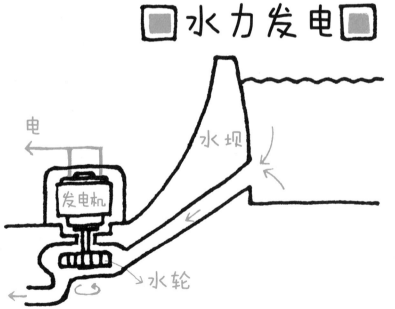

■水力发电■

用水坝将上游的河水拦住蓄水，然后向低处放水。利用水的落差带动水轮发电机运转发电。

"啊，原来如此。这么说，黑洞就像水坝，它吸引过来的气体就像水喽？"

"对，是这样的。利用水力发电时，只有水坝是不行的，还需要有水被水坝拦住。黑洞也是一样，如果宇宙中的黑洞只是孤零零地独自存在，也就不会发生什么奇特的现象了。就像天鹅座X-1似的，因为周围有气体被吸引过来，所以才会发生很有趣的现象。气体坠向黑洞时因落差而产生的能量会转变成X射线，因此它才会看起来闪闪发光。"

"天鹅座X-1这样的黑洞，就像是在宇宙中修建的一座发电厂似的。"

"还有更厉害的黑洞发电厂！今天因为时间有点儿紧张，所以我没有说，其实在遥远的宇宙深处，有一种名为'类星体'的奇特天体。"

"类星……体？"

"啊，这个在游戏的第八关提到过，当时我就不太明白。"

"对，就是那个。第一个类星体是60多年前发现的……"
翼教授一边说一边从包里拿出一张照片。

"看，这个就是。"

"像星星似的。"

"嗯，乍一看的确很像一般的恒星。但是如果仔细研究，就会发现它的发光情况与恒星完全不同。不过，人们已经发现它位于宇宙极深的地方，即使用光速也要花数十亿年才能到达。它虽然距离我们十分遥远，看上去却像普通的恒星一样，这说明它是超级明亮的。到现在为止，科学家们已经发现了很多类星体。那么，类星体为什么那么光彩夺目呢？很长时间以来，这都是一个谜。"

"类星体会不会和黑洞有关呢？"

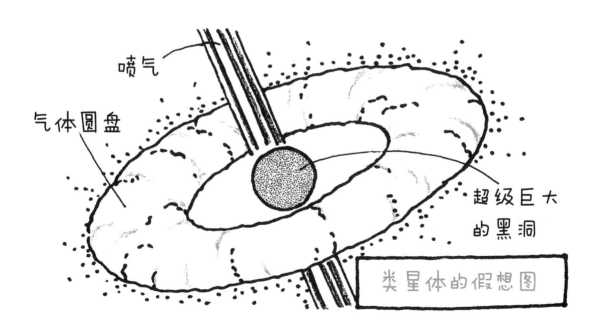

喷气

气体圆盘

超级巨大的黑洞

类星体的假想图

"对啦！人们推测在类星体的中心存在着黑洞，但是这不是一般的黑洞，它超级巨大。"

"到底有多大呢？"

"我刚才在演讲中说过，天鹅座X-1黑洞的质量是太阳的10倍左右。而类星体中心的黑洞的质量，据说可能是太阳的1亿倍左右。"

"1亿倍？"

"你们还记得黑洞的半径，也就是史瓦西半径吗？"

"嗯，记得。好像是说和太阳质量相同的黑洞的史瓦西半径是3千米左右。那么，质量是太阳的10倍的黑洞，史瓦西半径是30千米。如果是质量是太阳的1亿倍的黑洞，又该怎么计算呢？"

"如果黑洞的质量是太阳的10倍，那么史瓦西半径就变成10倍。因此，如果黑洞的质量是太阳的1亿倍，那么史瓦西半径就变成1亿倍。照这样计算是多少呢？"

"3千米的1亿倍，3亿千米？"

"对，半径是3亿千米，大概是地球和太阳的距离的2倍。是不是超级大呢？"

"天哪！"

 "科学家们认为，在类星体的中心存在着一个像怪物似的超级巨大的黑洞，且黑洞的周围有大量的气体。与天鹅座X-1一样，这个黑洞周围的气体也在不停地闪烁发光。最近科学家们发现，因为类星体中心的黑洞超级巨大，所以它周围的气体更多，周边也就更加明亮，甚至在遥远的宇宙这边也能看到。"

& "啊——"

"现在已经不是研究黑洞是否存在的阶段了。对科学家们来说，黑洞毫无疑问是存在的，他们正在逐步研究黑洞的周边会发生什么现象、黑洞在宇宙中有什么作用等问题。"

"哦，难怪说相对论是个工具呢。"

"太不可思议、太令人吃惊啦！大学里的老师做研究很辛苦吧？"

"另外，弄明白一件不可思议的事情之后，马上又会出现一个新的谜团吧？"

"是啊。不过，每弄明白一个问题，我都会非常开心和激动！"

宇宙中的海市蜃楼

😊 "还有，游戏的第三关提到了'引力透镜效应'……"

😊 "对，对，那个我们也不太明白。"

😊 "引力透镜也是真实发生的现象。你们在科学课上学过凸透镜吧？"

😊 "凸透镜可以聚光。"

😊 "它为什么能聚光呢？光线不是笔直进入凸透镜的吗？"

😊 "这个，嗯……是怎么回事来着？"

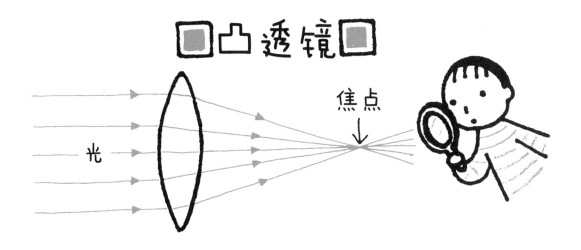

光线穿过凸透镜后，在空气和玻璃的交界处弯曲，聚集到焦点处。

"光线一般是笔直行进的，但是我们知道，从水中反射到空气中的光线会弯曲变形。也就是说，空气和水，还有空气和玻璃，它们透光的性质都是不同的。在透光性质不同的两个物体的交界处，光线会弯曲。"

"对，凸透镜也是玻璃做的，所以光线穿过凸透镜后会弯曲并聚集到一点。"

"正是如此。在黑洞周围，光线也是弯曲的，因为黑洞周围的空间是弯曲的……"

"啊，对了！因此，黑洞也像凸透镜似的可以聚光，这就是引力透镜吧？"

"是这样的，不过和玻璃做的一般凸透镜的聚光情况稍微有些不同。引力透镜是这样的……"

翼教授一边说一边简单地画了张草图。

"比如说，星星、黑洞和地球是这样排列的，星星发射的光在黑洞的周围弯曲聚集，形成了星星的影像。这就是'引力透镜效应'，或者简单地称为'引力透镜'。"

"没有黑洞也会产生这种现象吗？"

"是的。普通的星星虽然质量不如黑洞大，但是也能使空间稍稍弯曲。因此，如果一颗星星与另一颗星星和地球处在同一条直线上，也会产生引力透镜效应。"

🔲 引力透镜 🔲

在黑洞的周围，空间是像这样弯曲的，所以光线也是弯曲的。

因此，如果有一颗星星与黑洞和地球像下面这样排列的话……

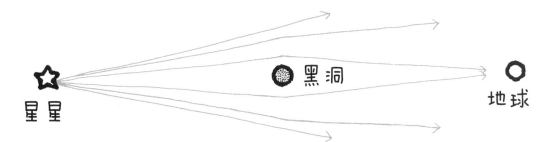

星星　　　　　　　　🔘 黑洞　　　　　　　◎ 地球

一颗星星发出的光经过黑洞后聚集在了一起，在地球上看起来就像有好几颗星星，或者这颗星星的形状发生了改变。这就是引力透镜效应。

如果用另一颗星星代替黑洞，同样也会出现引力透镜效应。

"科学家们真的发现过这种现象吗？"

"嗯，最近还发现过呢。不过，几十年前人们第一次发现的引力透镜效应，是由'银河'造成的。"

"银河？"

"在银河系中，大约有1000亿个像太阳那样的星球（恒星），我们常说的天河其实就是由银河系的群星组成的。在整个宇宙中，据说大约有1000亿个像银河系那样的星系。"

🔲 银河 🔲

银河系中大约有1000亿个像太阳那样的星球（恒星），我们的太阳系就位于银河系之中。

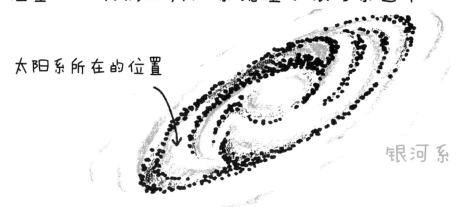

太阳系所在的位置

银河系

宇宙中分布着大约1000亿个像银河系那样的星系。

"虽然星系和刚才所说的类星体数量都非常多，但是有时它们会出现这样的排列情况……"

翼教授一边说一边画着草图。

类星体　　　　　　　银河系　　　　　　　地球

"就这样，遥远的宇宙深处的类星体发出的光，在位于类星体和地球之间的银河周围弯曲后聚集在地球周围形成影像。像这样的引力透镜效应，人们已经发现了好几次。"

&"啊——"

"呵呵，不用这么惊讶。因为如果相对论正确的话，理所当然就会存在引力透镜。在相对论的应用方面，真正有趣的事还在后头呢！"

&"好厉害啊！"

"因为引力透镜可以聚集遥远的星星和类星体的光，所以只要借助引力透镜，就能看到原本看不到的天体。也就是说，我们能够利用引力透镜观察遥远的宇宙。"

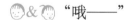 "引力透镜就像宇宙中的望远镜一样。"

 "对。更棒的是，通过发现引力透镜，能够确定发挥透镜作用的天体，还能够研究出该天体的性质。引力透镜可以帮助我们了解很多事情！"

& "哦——"

想去宇宙的尽头

"你们两个，要出发了！"

"马上就来！再等一小会儿——"

"好的，终于搞定啦！"

保存进度，关闭电脑。

京都的冬天一下子就冷了起来。从几天前开始就一直下雪，从比睿山到北山是白茫茫的一片。

"对不起，对不起。"

"我们走吧！"

小智和星子总算把游戏搞定了，关掉电脑后，他们急匆匆地出了门。

对了，今天是立春的前一天，附近的吉田神社要举行庆祝立春的撒豆驱鬼仪式，不过小智和星子的目标却是神社道路两旁的小吃摊。他们打算借着看仪式的机会，去买一些染色的糖果啦，吃一吃根本看不到章鱼的章鱼烧啦，等等。这对他们来说就是最有意思的庆祝活动了。

撒豆驱鬼仪式结束了，在不知不觉中雪也停了。冬天空气稀薄，星空看上去特别干净。从吉田山回家的路上，仰望天空，可以看到很多星星，这在京都是很罕见的。那是猎户座吧？还能看到天狼星呢！

　　小智和星子想起了翼教授最后说的话。……宇宙的尽头是什么样子呢？宇宙是如何诞生的呢？宇宙的未来会是怎样的呢？这些与宇宙自身息息相关的问题，运用相对论都能够研究清楚……

　　"宇宙的尽头……好想去看看啊！"
　　爱幻想的小智情不自禁地说道。

　　"怎么还有心情说这个，明天可是有考试的！"
　　星子一向很现实。

　　"啊，差点儿忘了！来不及复习了，怎么办呢？"
　　小智着急起来。

　　"哎呀，不会有事的，因为平时我们都认真听讲了。"

　　乐观的星子结束了两人的对话。

　　总有一天会去宇宙的尽头！两人仰望着澄澈的星空，想象着宇宙尽头的景象。

爱因斯坦的梦想也是我们的梦想

爱因斯坦一生有两个梦想，都与"统一"相关。

自然界看起来非常复杂，奥妙无穷。踢足球时球的飞行方式和用火箭发射的人造卫星的运动方式，怎么看都是不同的。拍打沙滩的波浪，从录音机里传出来的音乐，以及春日里明媚的阳光，看起来也是完全无关的东西。还有，洗脸时从水管中流出的水与坠入黑洞的高温气体流，难道会有什么共同之处吗？

"为什么会那样呢？""是什么样的构造呢？""有没有什么还没被发现的规则呢？"

认真记录自然界中的种种现象，找出隐藏在它们背后的规则并一一公布于世，这就是科学发展的历史。但是，随着人类发现的规则越来越多，也出现了一些让人头疼的问题。玩游戏也是这样，要是规则过于复杂，就没意思了，不好玩了。另外，规则过多的话，它们彼此之间也会出现一些矛盾的地方。所以，需要将这些规则统一起来。

实际上，决定自然界中的各种现象的基本规则并不多。并且，科学越发达，人类对自然的理解越深入，就越能总结出少数基本规则，让规则简单化。

就像玩拼图游戏似的，将一个一个的规则组合起来，最后便形成了一幅美丽的图画。这幅图画就是相对论。

牛顿赋予了看起来毫不相关的苹果落地与月球运动一个共同的规则，将地上的力学与天上的力学统一起来。足球在空中飞过，喷气式飞机在天上飞行，还有人造卫星沿着轨道运转……我们身边的很多运动，都可以用牛顿力学加以说明。值得一提的是，牛顿总结的运动定律和万有引力定律，都是用非常简单的公式表示出来的。

麦克斯韦将电与磁统一起来，创立了麦克斯韦电磁场理论这一综合性规则。发动机、发电机、音乐磁带和光盘，基本上都是与电和磁相关的东西，麦克斯韦的电磁场理论成为解释所有这些东西的基础，而用于说明电磁基本定律的麦克斯韦方程也只是一个简洁的四元方程组。

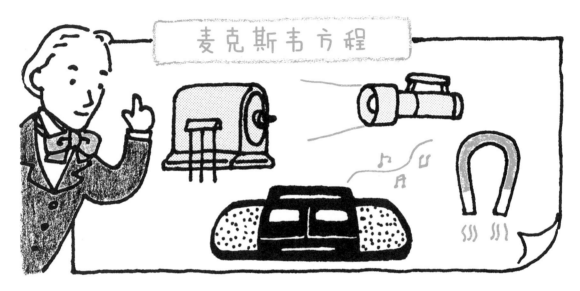

麦克斯韦方程

　　还有爱因斯坦，他首先用狭义相对论将牛顿的力学理论和麦克斯韦的电磁场理论结合在一起，同时将时间和空间统一起来，创造了关于时空和运动的理论。在宇宙中的很多地方，由于物质的运动速度接近光速，会发生许许多多不使用狭义相对论就无法解释的事情。甚至连太阳中心发生的核聚变以及大气中物质燃烧所产生的能量，都可以用狭义相对论的公式加以解释。

接下来，爱因斯坦又用广义相对论将由于加速度而产生的力（惯性力）和由于物体的质量而产生的力（重力）统一起来，建立了关于时空和重力的理论。在宇宙中的很多地方，由于物质的存在使时空弯曲，会发生一些不使用广义相对论就无法解释的现象，比如黑洞。

最后，爱因斯坦将时间、空间和重力综合在一起，用一个公式表示出来。这就是爱因斯坦公式，是科学世界中最令人感动的美丽图画之一。

爱因斯坦还研究了自然界众多基本规则的统一问题，可是很遗憾，他的这个梦想最终没有实现。这或许是因为在爱因斯坦生活的时代，人们还不太了解量子力学，又或许是因为爱因斯坦的研究太超前了。不过在今天，仍然有很多科学家试图将核动力、电力和重力等力统一起来，努力研究自然世界的统一问题。将来超越爱因斯坦，得到一幅超越相对论的美丽图画的人，会是小智吗？还是星子？又或者就是你？

　　爱因斯坦的另一个梦想是世界和平，即人类世界的统一。

　　20世纪初期是一个动荡不安的时代，爱因斯坦就生活在其中。在那个时代，有的人仅仅因为肤色不同、语言不同、思维方式不同就被卷入战争或受到迫害，甚至有很多人因此而失去了宝贵的生命。另外，因为战争的关系，人们后来还研制出了可以毁掉整个世界的原子弹，并将其用在了战场上……

　　即使是在这样的时代里，爱因斯坦仍然保持着崇高的精神，提倡自由、宽容和平等。更难得的是，他以实际行动证明了自己的信念。爱因斯坦不仅苦苦思索宇宙的真理，也为人类的和平高声疾呼。直到弥留之际，他还在为世界的和平努力。或许可以说，爱因斯坦是第一位世界公民。

　　世界和平、人类统一的梦想至今还没有实现。虽然已
经进入21世纪，但是在世界上的某些地方，战争仍在继续，
还有人仅仅因为肤色和思维方式不同而饱受磨难。但是，人
们也在努力地、一点儿一点儿地实现着爱因斯坦的梦想。并
且，不管是谁，包括小智、星子以及你，都可以为这个梦想
的实现助一臂之力。

话说回来，小智和星子究竟有什么样的梦想呢？他们会迎来怎样的明天呢？

"哎，我们要忙起来了！"

听起来是星子的声音。

小智的声音听上去虽然有点儿不自信，但还是挺大的：
"加油！"

在樱花盛开的日子，我们又迎来了一个"明天"。一张镶着金边的请柬送到了小智和星子的手中。

又是樱花绽放的季节，大家过得怎么样？

虽然我们还很年轻，还不成熟，但是我们决定一起步入新的人生。

新学期要开始了，你们可能很忙。如果能够出席我们的婚礼，给予我们鼓励和祝福，我们深感荣幸。

翼

响子

美好的未来是自己创造的，也是两个人一起创造的。